JN130159

恐竜の卵の里を たずねて

世界の恐竜たちの生命(いのち)のカプセル

長尾衣里子

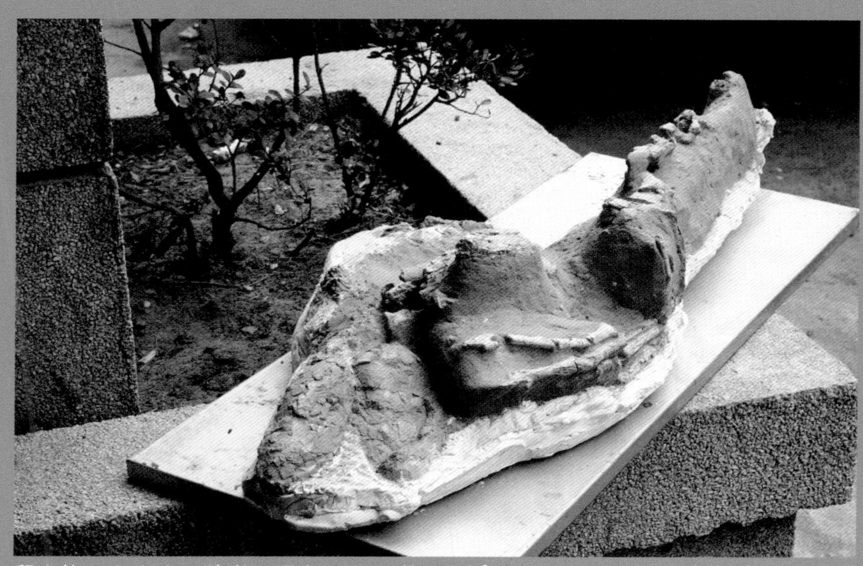

卵を抱いたまま、砂嵐に埋もれたオヴィラプトロサウルス類の肢体/中国科学院古脊椎動物与古人類研究所(IVPP)所蔵

まえがき

どんな恐竜だって、卵から生まれてくる。そこで私は、世界の恐竜たちの卵の里をたずねてみた。恐竜誕生の跡をめぐる旅のつもりだったが、必ずしも、おめでたいとは限らない。むしろ、同じ巣の卵でも、洪水に埋もれて化石化した卵が大半！　まれに嵐がくる前に孵化（ハッチ）して、ピヨピヨッと誕生のよろこびをさえずる恐竜の赤ちゃんがいればラッキーだ。それはつねに、生と死のはざまで揺れている旅だった。作家・五木寛之さんの言葉を借りれば、「生まれなかった赤ん坊の叫び」に耳を傾けるほうが多かった気がする。この取材記で、卵の巣が発掘されたフィールドの土の匂いが伝わってくれたら、うれしい。

１章に登場する徐星（シューシン）は、現在、中国科学院の教授。呂君昌（ルジュンチャン）は中国地質科学院地質研究所の教授。どちらも中国の恐竜研究を牽引（けんいん）するツー・トップとして、世界的な活躍をしておられる。だが、20世紀末に、中国河南省南陽恐竜蛋（たまご）学会でお世話になったのは、まだまだ新米（ペーペー）時代の二人だった。本来なら、先生と書くべきところ、ここでは当時のまま、呼び捨てにさせていただいた。

この原稿を書き終えた時、突然の訃報が飛びこんできた。2018年10月9日、呂君昌が亡くなったというのだ。2年前に来日した徐星から、呂君昌が入院したと聞いていた。だが今年、この本へのベイビー・ルイの写真掲載許可をとる際、彼には大変お世話になって、もう回復されたとばかり思いこんでいた。享年53歳。心よりご冥福をお祈りいたします。

ちなみに、彼は最後に「河南省で見つかった卵食者の可能性のある新種恐竜Qiupanykus zhangi（キウパニクス ザンギ）」について書いている。白亜紀の中国で、このキウパニクスは、卵を守る親恐竜との壮絶なバトルをくり広げていたのだろう。

一方、日本では兵庫県丹波市から、9個の卵化石が発見された。集団営巣地の可能性もあるとして、2019年1月から、兵庫県立人（ひと）と自然の博物館による第7次発掘調査が始まっている。果たして、どんな大発見があるか。今、恐竜の卵が熱い。

（長尾衣里子）

もくじ

第1章　中国河南省南陽卵紀行

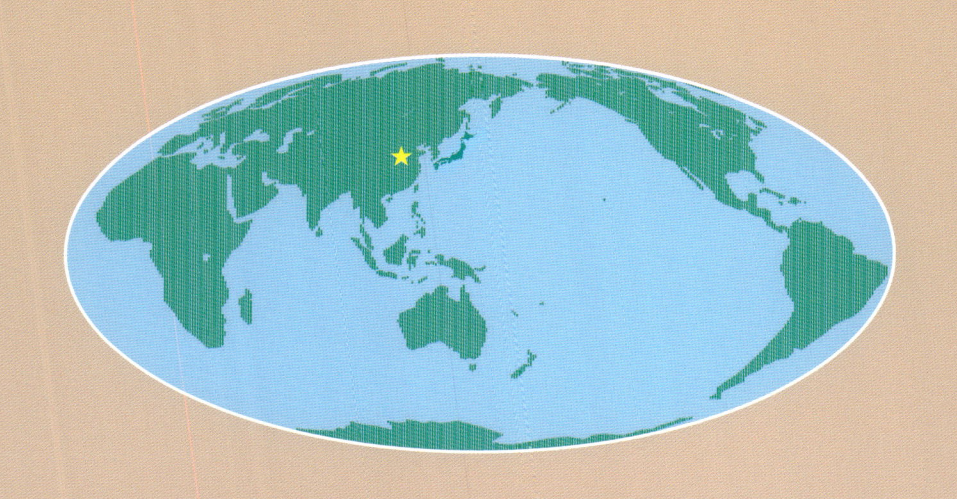

時は1996年5月21日にさかのぼる。北京発0時33分の寝台特急。発車時刻20分前の待ち合わせに間に合うように、徐星（シューシン）と私は、深夜のぬかるんだ街中（まちなか）をキャリーバックをひきずりながら走った。

中国科学院で徐星の師である趙喜進（ジャオシージン）先生は、すでに駅に来ていた。ギリギリで飛びこんできた私たちをたしなめるようにいかめしい表情をとり、すぐに笑顔がほころぶ。「まだ呂君昌（ルジュンチャン）が来ていない」。待っている間、私はお手洗いをすませておこうと思った。高い天井、だだっ広い構内。こんな真夜中でも、トイレを管理するおばさんは出てきた。チップを払って、ペーパーを受けとる。

戻ってくると、全員そろっていた。先生方は一等車、私たち若造（わかぞう）は二等車に乗りこむ。そこはまるで、怒号（どごう）が飛びかう市場のような活気だ。とても眠れるような雰囲気ではない。レディ扱いしてくれたのか、徐星は私が先生方と同じ一等車の部屋に入れるように、話をつけてくれたようだった。

一等車は静かな四人部屋。切符を検閲する車掌さんの気配が近づいてくる。趙先生が、私に切符を手渡す。部屋の扉を開けたのは、若い女性の車掌さんだった。軍服のような制服に身を包み、姿勢正しく威圧的だ。日本の車掌さんとは180度イメージがちがう。中国語ができないので、口を閉ざして無言のまま、切符を差しだす。冷たい視線をなげかけて、切符が返される。車掌さんが去っていくと緊張感から解放されて、安堵のため息がもれた。

清潔な白いシーツに包まれて、目を閉じる。列車の揺れを心地よく感じながら、午前11時にホテルをチェックアウトしてから、これまでの長い放浪の一日を思いかえした。それでも、日暮れから出発までの間、私たちは中国科学院の敷地内にある薫枝明（ドンジミン）先生ご一家の宿舎で休憩させてもらっていたので、ずいぶんと助かった（薫枝明先生は、南陽へは同行されなかった）。

いつの間に眠りについたのだろう。朝、目覚めると、陽が高くのぼっていた。徐星と呂君昌が眠い目

一夜明け、寝台列車の一等車に集まる中国科学院の恐竜博士たち。左から呂君昌、徐星、一人とんで白シャツの趙喜進先生。

をこすりながら、やってくる。案の定「うるさくて眠れなかった。頭が痛い」と徐星。気の毒なほど、青い顔をしていた。

それでも、列車はひた走る。目的地である河南省の南陽駅についたのは、夕刻だった。その地で開かれる南陽恐竜蛋化石保存与研究国際シンポジウムに参加するため、遠路はるばる中国内外から研究者たちが集結してくる。

「邯鄲の夢（一炊の夢）」の故事でおなじみの「邯鄲」の駅。停車時間が長かったので、降りて撮影してみた

このシンポジウムは地方政府主催で、南陽の卵化石をどのような形で保存するか参考にしたいという趣旨の一風変わったものだった。私のルームメイトは、国立台湾大学のタオ博士という女傑。ちょうど中国と台湾がデリケートな時期で、タオ博士の発表日の朝、「お偉いさんも聴いているから、＜二つの中国＞という言葉だけは決して発言してくれるな」と彼女に念をおすため、主催者と役人が部屋までやっ

発表中の国立台湾大学のタオ博士。国交問題なんて、どこ吹く風……

てきた（研究者同士はのほほんとしたムードだが）。

その代わり、恐竜の卵の化石が出た発掘現場までの道のりは、高速道路でもないのにノンストップでスピーディ！　濛々（もうもう）と土けむりをあげて地方政府の車が先導するので、一般車は道路の隅に一時停止して、道をゆずってくれているようだった。

恐竜の卵の里を訪ねる途中、準備中の博物館に立ち寄る。驚いたのは展示物ではなく、倉庫のようなコレクションルームだった。
「南陽市には、こんなに多くの恐竜の卵化石が出るんだ！」と、自慢げに扉が開かれる。その向こうには、床から天井まで何段もの陳列棚に、さまざまな卵の巣の化石がところ狭しと積まれていた。まさに恐竜卵化石の宝庫！　最初は他の見学者たちと同様、圧倒されて感嘆の声を上げるだけだった。やがて、みな我にかえり、こぞってシャッターを切り始める。
「ここで撮った写真は、公表してはならないよ」と、ギーッと重い音をたてて木の扉が閉じられる。秘密の恐竜卵の墓場は、再び暗闇に封印された。目が外の光に慣れるまでの間、まぶたの奥に焼きついた卵の塚の残像に「生まれなかった赤ん坊の叫び」というフレーズが浮かび上がってきた（うろ覚えだが、そのフレーズは作家の五木寛之さんの書かれたエッセイに出てきた言葉だったと思う）。扉の向こう側から、この世に生み落とされながらも、孵化（ハッチ）することなく化石化した無数の恐竜卵のレクイエム（鎮魂歌）が、しめやかに聴こえてくるような気がしていた。

再び、発掘現場へ向かう車中。ぼんやりと田舎道に揺られながら、前日の発表で最も印象深かった恐竜卵化石のCTスキャン画像を思い出していた。成長段階のちがう卵のCT画像を何枚か映しながら、「卵の中の赤ちゃんは、まず頭から最初に発達する。その先、赤ちゃんがどう成長するかは今後、比較検討していきたい」という内容の李先生の研究発表だった。その時には、「おもしろい研究だが、とてつもなく豊富な卵化石を必要とするため、とても無理な話なのでは」という印象をもった。しかし、先ほど立ち寄った博物館のコレクションルームで、卵化石の宝庫を目の当たりにして、それもあながち荒唐無稽な夢物語ではないなと思い直した。

車が止まった。そこからは歩いて、最初の発掘現場まで行く。「何事か?!」と地元の村人たちも大勢集まってきた。小さな湖に沿って丘の裏側にまわると、恐竜の卵化石があちこちから見つかる。「ここに数個、ほら、その足元にも1つ……」と指さす案

砂岩と泥岩の層が入り交じる恐竜卵の丘から流れる小川

最初の発掘現場。恐竜の卵化石の横に座って撮影

内人は、丸い卵化石につまずきそうになりながら、斜面を歩く。恐竜時代から時が止まったままのような無造作な営巣地に、「恐竜卵の丘」とでも名づけたいような感銘を受けた。

しかし、これは序の口だった。この後のスケジュールでは、ほかに2か所の発掘現場をまわる予定になっている。次の目的地である西峡までのドライブ。

恐竜の卵化石がごろごろ

車内では、呂君昌と徐星の中国語講座が始まった。「車はチェー」「白はバイ」。後日、徐星が「趙喜進先生が、イリズ（衣里子）の中国語を覚えるのが速くて、びっくりしてたよ」と教えてくれた。実はその時、種明かしをしなかったのだが、中国語は漢字の音読みに似ている。だから、覚えやすかっただけで、決して私の物覚えがよかった訳ではないのだ。

あちこちに、ごろごろ転がっている卵化石

次の発掘地をしめす道標。「西峡三里廟　恐竜蛋化石発掘点」とある

そうこうするうちに、次の目的地に到着。車を降りて、山道を歩く。遠目でも、人だかりができているので、発掘現場の在(あ)りかは一目瞭然(いちもくりょうぜん)だった。ふだん覆われているビニールシートが外されて、村人たちもの珍しそうに遠巻きに見物している。

「西峡三里廟　恐竜蛋化石発掘点」と書かれた道標を過ぎて、たどりついてみると、誰が何のために掘ったのか深い穴の底に、大きさといい、形といい、

西峡の発掘現場。ふだんはビニールシートで覆われている

砲丸投げの球のようなデンドロウーリトゥス卵科。テリジノサウルスの卵か？

砲丸投げの球そっくりな黒く丸い卵化石が点在していた。趙先生のレクチャーによると、これは「デンドロウーリトゥス」という卵科の化石だという。

恥ずかしながら、私はこの学会に参加するまで、卵化石に学名があるということすら知らなかった。前日の発表でも、卵化石の外観だけでなく、卵の殻の切断面の偏光顕微鏡写真のオンパレードに圧倒された。

それらの特徴によって、次々と卵化石が分類されていく。学会が開催された20世紀末において、彼らはまさしく恐竜卵化石研究の先駆者だったにちがいない。

話を元にもどす。この卵化石の学名にある「デンドロ」とは、「木の枝」という意味。卵の殻の切片を顕微鏡でのぞくと、多くの気孔（卵の中の赤ちゃんが呼吸するための空気の通る穴）が、ちょうど枝をのばす樹木のように複雑にからんでいることから名づけられたようだ。現在までにわかっている同じタイプの卵の親は、モンゴルではテリジノサウルス類、ポルトガルではメガロサウルス類と判明したという。

「この卵の中には、どんな恐竜の命が宿っていたのだろう？」そんな後ろ髪ひかれる思いで、車のほうに戻っていった。

最後の目的地は、内郷赤眉王家菅。この旅のメインと言っても、過言ではない。「マクロエロンガトウーリトゥス」卵科という名がしめす通り、巨大（マクロ）な

恐竜卵化石を特集した「National・Geographic」1996年5月号。表紙を飾るベイビー・ルイの模型

長形(エロンガト)の卵石(ウーリトゥス)だ。長径40センチを超える長い卵が2個ずつ、巨大ドーナツ型に並び、直径2メートルを超える巣を作っている。

その巣は、中国南陽に向けて日本を旅立つ前に手元に届いたばかりの「National Geographic(ナショナル ジオグラフィック)」誌1996年5月号の恐竜卵特集に出ていた写真によく似ていた。その特集は、西狭盆地で農夫が見つけた同タイプの卵の巣化石から、孵化する前の赤ちゃん

野ざらしのマクロエロンガトゥーリトゥス
卵科の巣

特集記事の写真をまねて巣の中央に横たわる研究者

の骨格が見つかったというセンセーショナルな記事だった。長い卵の中で丸まって眠る赤ちゃん恐竜の模型写真が、同誌の表紙を飾っている。おどけた現地の研究者が、特集の写真をまねてドーナツ状の巣の中央に横たわり、カメラに向かってポーズをとってみせた。たしかに「National Geographic」誌の写真にも魅せられたが、やはり現地で生で見る迫力は圧倒的で、度胆をぬかれる。

マクロエロンガトウーリトゥス卵科の巣のレプリカ(南陽市文物研究所)

帰り道、南陽市文物研究所に寄って、特集された卵の巣化石のレプリカを見学した。「残念ながら、本物は3年前にアメリカの業者に売られてしまって、中国にはない」とのこと。売買時(1993年)には、まさか卵を含む岩塊の中に赤ちゃん恐竜が埋もれているなんて、夢にも思わなかったのだろうが、後(あと)の祭りだ。

卵の大きさや巣のスケールから考えると、その親

ベイベイロンの親候補ギガントラプトル（中国科学院IVPP所蔵/恐竜2009年砂漠の奇跡in幕張メッセにて、冨田幸光先生撮影）

は全長8メートルほどの恐竜と推測されたが、ここを訪れた時（1996年）には、誰もその正体を知る者はいなかった。

だが、20年あまりの歳月が解き明かしてくれる謎もある。2017年7月、福井県立恐竜博物館の特別展「恐竜の卵」を訪れた。そこで私は、ようやく念願の赤ちゃん恐竜(ベイビー・ルイ)にあいまみえる。その親は、モンゴルから見つかった全長8メートルのギガントラプトルのような巨大なオヴィラプトロサウルス類だという。それを見つけたのも徐星だ。

オヴィラプトロサウルス類は、抱卵する恐竜として有名だ。だが、この体重2トンもの巨大な親は、どうやって、卵をつぶさないように温めたのか？筑波大学の助教の田中康平さんは、大型種の親は卵の配置を工夫して、ドーナツ型の巣の中央にうずくまり、自分の体温で卵を温めたとにらんでいる。私も同感だ。私が現地で見た巣は卵の数13個と少なく、直径約2メートルのサークルを全周していなか

オヴィラプトロサウルス類の卵とベイベイロン（河南省地質博物館所蔵/ギガ恐竜展2017in幕張メッセにて谷本正浩氏撮影）

った。一方、ベイビー・ルイの巣は直径約3メートルと大きい。巣のサイズは卵の数だけでなく、親の体の大きさによっても決まったと思う。

ところで、特別展「恐竜の卵」を見て知ったのだが、このベイビー・ルイは、2014年に河南省地質博物館に寄贈され、中国の故郷へもどってきていた。そして、研究の末、2017年5月に、「ベイベイロン・シネンシス」(“中国の赤ちゃん竜”という意味)という学名がつけられたばかりだという。

最新の研究では、一部の恐竜の卵にも色があったことがわかった。例えば、オヴィラプトル類の卵殻は、深緑（ふかみどり）に近かったようだ。ベイベイロンの卵も、緑の植物にカモフラージュされていたのだろう。

ちなみに「肉食恐竜デイノニクスの卵殻は青色で、茶色の斑点があった(ロイター)」という。鳥の卵がカラフルなのは、彼らの血筋を受けついでいるせいなのかもしれない。

第2章　アルゼンチン卵紀行

夢うつつ——戦火の中を、私は逃げまどっていた。真夜中のブエノスアイレスに似た街並み。(夢の中の)私はアルゼンチンの軍事クーデターを取材するジャーナリストだった。石畳の地面に、ゴルフボール大の赤々と燃える球体が無数に散らばっている。「踏んだらダメだ。爆発する!」 足元に転がってくる火の球をよけながら、私は戦場からの脱出を試みた。だが、火の球は数を増して、さらに発熱するばかり。

「熱い、熱い、熱い……」 たまらず飛び起きたら、そこはアルゼンチン北部の街トゥクマンに向かう長距離列車の中だった。悪夢にうなされた原因は、足元から来る異常なほど効きすぎた暖房のせいだ。

「夜になると、列車の中は冷えるよ」と聞かされて、暖房つきの一等車のチケットを奮発したはずだった。だが、何のことはない、肝心の夜中になると暖房は消され、震えながら眠った。そして、太陽がのぼるころ、強すぎる暖房が入り、私たちは汗だくになって目覚めたのだった。

ブエノスアイレスを出発したのは前日、空もまだ明るかった。だが、トラブル続きで何度も止まる列車は、いつもなら30分で行ける距離を1時間かけて進んだ。「こんな調子で、トゥクマンまで、本当に16時間半でたどり着くだろうか？」と不安がよぎる。

気をとり直して、3等車にいるサンチアゴたちを訪ねた。南米恐竜の大家（たいか）ホセ・ボナパルテ先生の教え子たちだ。みんなトゥクマン大学での古脊椎動物学会に参加するために、同じ列車に居合わせている。ボナパルテ先生も参加予定だったが、急用ができ、ペルーに飛んだとのことだった。

先生の存在感は、絶大だ。学会中も「ボナパルテ先生は来てないんだね」と、いろいろな研究者が気が抜けたように言う。「せっかくの大発見だったのに、ボナパルテ先生を驚かせられなくて残念だったね」と言うと、「どんな化石を見つけても、彼が驚くことは決してない」という返答。当時、齢（よわい）七十を越えてなお、発掘現場で先頭に立ってツルハシを振るい、学生顔負けの力仕事をする先生の情熱は、た

恐竜と翼竜の共通祖先ともいわれるラゴスクスのキャストをプレゼントしてくださったホセ・ボナパルテ先生(左)

しかに誰の目から見ても驚異的だった。

　この学会はアルゼンチンだけでなく、ブラジルとの合同開催だった。時に、両者の議論は白熱する。リカルドたちアルゼンチン側は、「エオラプトルの見つかったイスチガラスト層のほうが古い」と言い、ブラジル側は「サンタマリア層のほうが古い」と、どちらも譲らない。

スペイン語ができない私のために、「旅費さえ出してくれれば、通訳についていくよ」と、ブエノスアイレス在住の日系2世のセニョーラ平岡が同行してくれたが、ブラジル側の発表は、ポルトガル語だから詳細はわからないとのことだった。

隣国でありながら、ブラジルとアルゼンチンは、光と影のように対照的だ。飲んで、食べて、踊って、宴もたけなわの懇親会。「何か楽器はないのか」とのリクエストに、学食ではたらく兄ちゃんがギターをとり出して伴奏をはじめる。アルゼンチンの演歌風という感じの曲の大合唱が続いた。やがて、歌い疲れたアルゼンチン側がひきあげると、「待ってました」とばかりに残っていたブラジルの研究者たちはセンヌキやフォークで、ビール瓶やテーブルをたたき、底抜けに明るいサンバのリズムを奏ではじめる。次の日の発表も忘れて、宴はいつまでも続いた……。

ここまで書いて、卵紀行という本題を思い出す。トゥクマン大学といえば、ジェイム・パウエル博士

従来の説では、ムスサウルスの卵と考えられていた化石

がいる。学会中に彼の研究室を訪ねて、三畳紀後期の植物食恐竜ムスサウルスの赤ちゃんと卵の化石を見せてもらった。

最初に出されたのが、ウズラの卵サイズの化石。従来の説では、ムスサウルスの卵として考えられてきたものだ。しかし、それは赤ちゃん恐竜の頭ほどの大きさしかない。「いくらなんでも、小さすぎる」とパウエル博士。「近くからは、ニワトリの卵サイ

パウエル博士の考えるムサウルスの卵化石

ズの化石が見つかっている。それこそ、ムサウルスの卵だ」と、彼は確信していた。卵化石とともに、謎とされてきたムサウルスの親候補の化石まで出てくる。「何という宝の山なんだ！」と面くらいつつ、それらを写真におさめた。

お宝はまだまだあった。個人的には、背中を装甲に覆われた竜脚類恐竜サルタサウルスの皮膚やコブの化石に胸が高鳴ったが、この本では余談だ。

ムスサウルス（右） の親と考えられる古竜脚
類の化石（左）

040 REYNOLDS bureau N

上：卵の底に薄茶色によどんでいるのは、赤ちゃんの痕跡だという
下：球状岩石かと思っていたら卵化石とのこと

研究室の隅っこに、ボウリングの球のような石が、ごろごろ転がっている。球状のコンクリーションかと思って見逃していたら、これも卵化石だという。

その中のひとつを4分の1に切断したサンプルがあった。断面を指さして、パウエル博士は「ほら、卵が化石化する際に圧縮された未熟な赤ちゃんが、卵の底に沈殿している」と説明してくれた。目をこらすと、たしかにそのように見受けられる。うすい卵殻もあった。正真正銘の卵化石のようだ。

近年になって、「アルゼンチンのラ・リオハ州サナガスタ地質公園で、ネオ竜脚類恐竜の集団営巣地跡が見つかった」というニュースが報じられた。ラ・リオハ州には行ったことがあるが、サナガスタ地質公園まで足を伸ばさなかったことが悔やまれた。「Nature Communications」2010年6月29日号日本版によると、この発見は「白亜紀の熱水系地層の発

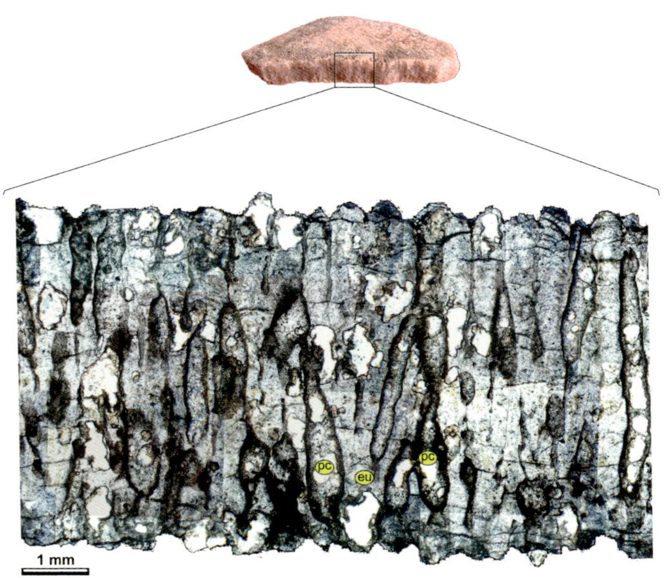

上：サナガスタで見つかった厚い殻をもつティタノサウルス類の卵化石
下：その偏光顕微鏡写真（©Lucas Fiorelli）

掘場所で竜脚類の一群が意図的に繰り返し営巣していたことを示す初めての決定的証拠を提示する」という。それは「営巣地の火山活動で温まった地面に巣穴を掘って、そこに卵を産むことが知られている」現生の鳥類トンガツカツクリの孵化方法によく似ていると考えられている。

さらに最近の研究では、卵の親とされた「ネオ竜脚類」は、ティタノサウルス類であると判明した。

E.M. Hechenleitner と L.Fiorelli 他（2018,6,12）によると、「一般的な卵の殻が厚さ 1.3 〜 2.0 ミリであるに対して、サナガスタの卵の殻は厚さ 7.9 ミリにもなる」。その厚い卵殻は「他の小さい、もしくは同サイズのティタノサウルス類の卵と比べて 14 〜 45 倍の強度をもつ」という。それもひとえに、熱水環境への適応から来るものだと考えられている。

この論文調の文がピンとこないという方のために、平たく言えば、こんなイメージだろうか。

——長いクビを針葉樹の枝葉（えだは）に伸ばし、長いシッポをしならせながら、威風堂々（いふうどうどう）と四足歩行で闊歩（かっぽ）する竜脚類恐竜ティタノサウルス類たち！　身重（みおも）の彼女（メス）たちが目ざすのは、沸々（ふつふつ）と温泉が湧き出る営巣地だ。毎年、繁殖シーズンになると、ここで卵を産むのが彼女たちの習慣だ。抱卵しない彼女たちにとって、ここは地熱で卵を温めて孵（かえ）すのに、絶好の産卵場所だった。

しかし、せっかく産んだ卵が、ピータンや温泉卵になってしまってはたまらない。それを防ぐために、卵の殻が8ミリ近くまで厚くなったのだろう。――

ちなみに、最初にピータンができたきっかけは、明の時代の中国でアヒルの卵を灰の中に埋めたまま忘れ、2か月後に熟成したピータンが見つかった偶然から生まれた製法であるという記録があるようだ。

灰の中でピータンができるなら、火山灰に1メートルほどの深さの穴を掘って卵を産むというトンガツカツクリの卵の中には、天然ピータンになるものもあるのでは？　それなら食べてみたい気もする。

第３章　日本丹波卵紀行

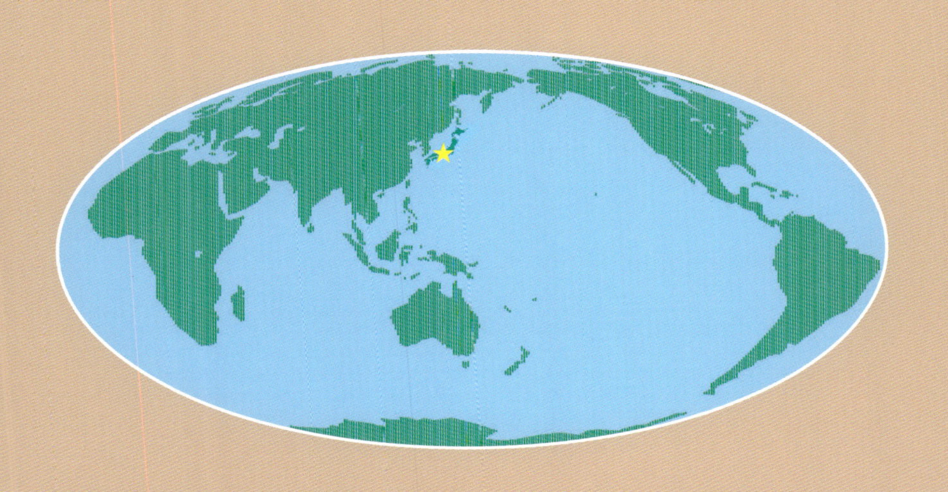

幾重（いくえ）もの木樹（きぎ）のトンネルをぬけて、列車は丹波竜（正式名称：タンバティタニス・アミキティアエ）発掘地へ向かう。私にはそれが、彼らが生きた約1億1000万年前の前期白亜紀の世界へと続くタイム・トンネルのように思われた。

兵庫県の篠山口駅で普通に乗りかえると、列車は白波をたてる篠山川に並走する。さかまく怒涛（どとう）が、篠山層群の岩肌を削る。川辺に眠っていた恐竜たちの姿が、あらわになってくる。丹波竜が発見されたのも、山南町上滝と呼ばれる、そんな場所だった。

最寄（もよ）りの下滝駅からは、徒歩20分ほど。雲ひとつない五月（さつき）晴れ。田植えを終えたばかりの水田に、青める山々がうつる。沢を渡る風にさざ波が立ち、きらきらと水面（みなも）が輝いていた。

線路沿いを離れ、あぜ道を通って、川べりの遊歩道に出る。「丹波竜化石発見地」と書いたパネルが、目に飛びこんできた。驚いて河原をのぞきこむと、コンクリートに封印されたタンバティタニス発掘地が見下ろせる。

「元気村かみくげ」に立つ丹波竜の実物大復元模型。

どんな恐竜だって、卵から生まれてくる。この付近からも、いくつか卵化石が見つかっている。「私にも卵の殻化石くらい見つからないかな？」と、近くの「元気村かみくげ」で300円払って、発掘体験することにした。用意された軍手・ハンマー・ゴーグルを使って、1時間ひたすら石割りだ。
「今、カエルの骨片も出たから、よく見てね」とアナウンスがあったが、出てくるのは植物化石ばかり。

がっかりする私に、「丹波竜が生きていた時代の植物ですよ」とスタッフの方が声をかけてくれた。その言葉に、「これらの植物は、丹波竜の好物だったかもしれない」と気をとり直して、岐路についた。

収獲のなかった前回のリベンジとばかりに、2018年8月12日、私は再び、この地を訪れた。待ち合わせ場所は篠山口駅西口。丹波竜の発見者のお一人である足立洌（あだちきよし）さんが、車で迎えに来てくださった。すべては鳥羽竜の発見者でもあるきしわだ自然資料館の谷本正浩さんの人脈のおかげだ。河南省地質博物館との著作権交渉でお世話になっていた上海自然博物館の周保春先生にも、初対面（はつたいめん）できた。

元気村かみくげに車を止めて、そこからは徒歩。「稲の匂いがするね」あぜ道を歩きながら、周先生は言った。見渡せば前回、一人で来た時は田植えをすませたばかりだった水田に、ひざ丈も超えた稲穂（いなほ）が実っていた。足立さんの案内で、われら一行（いっこう）は丹波竜の発掘地の河原へと降りたつ。足立さんたちが

発見者のひとり足立洌さん（右）が指さす丹波竜の発掘地。その7メートル上流からは9つの卵化石が見つかった（奥）

新種の卵殻化石ニッポノウーリサスの拡大写真（左）と切断面の偏光顕微鏡写真（筑波大学助教の田中康平氏撮影）

最初に丹波竜の肋骨を見つけたのも、こんな暑いさかりの2006年8月７日のことだったという。

その後、重機を入れた大規模な発掘調査が、6度行われ、丹波竜の化石とともに、約100片もの卵の殻化石も出てきた。それらはハドロサウルス類、オヴィラプトロサウルス類、トロオドン類の卵殻と思しき化石を含む5種類で、彼らの体化石が篠山層群から発見される可能性も大となった。彼らは確かに、そこに産まれ生きていた。卵の殻がそれを物語っている。しかも、５種類のうちの1つは新種！「ニッポノウーリサス・ラモーサス」と名づけられた。

2015年10月には、そこからわずか7メートル上流で、5つの卵化石が発見された。タテ4センチ、ヨコ2センチ。鳥か小さな獣脚類恐竜の卵だという。翌年には、さらに4つの卵化石が続々と見つかった。

そこで私は、耳寄りな話を聞いた。2019年1月～2月にかけて、第7次発掘調査が行われるという。「コンクリートの封印が解かれて、集団営巣地が見つかるかも！」と、期待に胸がふくらむ（→P77に続く）。

第４章　フランス卵紀行

ドイツからパリに向かうため、シュトゥットガルト空港のターミナルに入ると、森に迷いこんだような感覚におちいった。天井を支える柱一本一本が、幾重にも枝分かれして、メタルの樹木が立っているように演出されていたからだ。

かつて、地中海沿岸を追われたゲルマン人が、立ちふさがるアルプスを越えた時、眼下に果てしなく広がる樹海を見たことだろう。「森を舞台とするヨーロッパの逸話の中には、彼らゲルマン人が森を切り拓いていった時の＜森への恐れ＞が残っているのだ」と誰かが言っていた。手を抜くとすぐに、山の中の一軒家に蔦がからまり出すのを、ひたひたと森が忍び寄ってくるように無気味に感じられたのだろう。だが、搭乗時間まで空港で、森林の中に座っているような心地よさを味わうと、彼らの末裔ドイツ人は、その時代への畏怖とともに、限りないノスタルジーを合わせ持っているのではと思わざるを得なかった。

シュトゥットガルトからパリまでは、1時間15分。あいにくの曇り空で、窓の外は真っ白だった。天候

まるで森を彷彿させるシュトゥットガルト空港のターミナル

に恵まれたフライトとはいえなかったが、シャルル・ド・ゴール空港に近づき、機体が高度を下げてくると視界がひらけ、羊の群れのような雲が眼下に広がった。自然は最高の芸術家だ。ふと、子供時代、地べたに寝ころがって流れる雲を飽(あ)かず眺めていた思い出がよみがえった。そのころの私は、巨大な雲のオブジェを縫って進む豆粒大の飛行機を、広すぎる空の博物館を巡るための乗り物(ライド)だと思っていた。

うずまきを描くように並んだ楕円形の卵化石

フランス南部の片田舎エスペラザに向かった。駅から歩いて５分ほどのところにある恐竜博物館には、豊富な卵化石が展示されていた。

うずまきを描くように並んだ楕円形の卵化石が、まず目に入る。発見時と同じ状態で展示されているのだろう。ひとつだけでも、無事ハッチした形跡があって、救われたような気がした。「孵化しなかった兄弟たちの分まで、強い生命力で成長してくれれ

ひとつだけ、無事にハッチした形跡のある卵

ば」という親心のような思いだった。

夢中で写真を撮っていると、「卵化石に興味あるのなら、ついておいで！」と、博物館スタッフさんがバックヤードに案内してくれた。

床には、発掘されたばかりの卵の巣化石が石こうも剥がしかけの状態でゴロゴロしている。ある卵化石を手にとって、「これはメガロウーリトゥス卵科。

発掘されたばかりの卵の塚。上のほうの卵はハッチした形跡があるが風化したのかもしれないという声もある

ティタノサウルス類の卵化石を見せてくれたジョエル

博物館に展示されたティタノサウルス類アンペロサウルス

ティタノサウルス形類の卵と考えられているよ」と学芸員のジョエル。ずっしりと重そうだ。

ティタノサウルス形類といえば、この博物館にもアンペロサウルスの全身復元骨格も展示されていた。「もしかすると、この卵化石の親かもしれない」と、写真におさめようとしたが、大きすぎてフレームからはみ出してしまった。あの卵のサイズから、よくここまで育つものだ。

この固く大きな岩にいくつもの卵化石が封じこまれている

洪水が来る前にハッチした卵の半円。底には卵殻のかけらが…

学芸員アランの運転で、裏山の発掘現場に案内された。固い岩に封じこめられている卵化石もあれば、やわらかい地面に散在する卵の殻化石もあった。

ティタノサウルス形類ヒプセロサウルスの卵の殻化石にいたっては、探すまでもなく、大地に無数に散らばっている。夢中になって拾っていると、白亜紀のある日、この殻をバリバリッと破って、卵の割れ目から顔を出した恐竜の赤ちゃん誕生の瞬間が、

地面にちらばる卵の殻化石（上）
ものの５分とたたないうちにヒプセロサウルスの卵と考えられる卵の殻化石がザクザク（下）

たしかにあったのだと実感させられる。「ピヨピヨッ」というさえずりが聞こえてくるようで、実にほほえましかった。

だが、その悦びもつかの間。この辺りの営巣地は、中生代の終わり（6600万年前のK—Pg境界線）に近いことを思い出した。恐竜時代の終焉の足音は、すぐそこまで迫ってきていた。せっかく卵からかえっても、彼らの前途多難な行く末を思うと、心から誕生を祝福できない自分がいた。

それでも一条の光があるのは、このヒプセロサウルスは新生代である6300万年前でも、卵を生んでいたという説を聞いたからだった。

フィールドに、地元の小学生たちがやってきた。K—Pg境界層は、白と赤のコントラストで一目瞭然。だが、境界層の上だろうが、下だろうが構わずに、恐竜の化石探しをしている子どもたち！　何か見つけては「ケ・ス・クッセ（これは何？）」とアランを質問攻めにして人だかりをつくっている。

白と赤のコントラストが中生代と新生代の境界線。その上でも、恐竜の化石さがしをする小学生たち

本当に、ヒプセロサウルスは、新生代に入っても卵を産んでいた最後の生き残りだったのだろうか？その説をもとに、イメージの世界に飛んでみよう。

――ほ乳類が駆けまわる大地に、小高い丘のような影が動いている。それは(鳥以外の）とっくに滅びたはずの恐竜の姿だった。新生代に入って300万年たってからも、ヒプセロサウルスはまだ生き残っていた。

いまだ、大地は小刻みに震え、乾いた風が頬をかすめる。体長8メートルほどのヒプセロサウルスは、しっぽをもちあげた状態で地面にしゃがみこみ、もぞもぞと踏んばっていた。ポットン、ポットン……と、しっぽのつけ根からマスクメロン大の卵が落ちる。ヒプセロサウルスは２個ずつ卵を産むたびに、１歩前進したのだろう。卵は直線状に２列並んだ。

しかし、やわらかい地面に受けとられた卵は、ずいぶんと数が少ない。しかも、環境の悪化によるストレスによって、卵の殻は異常に薄くなっていた。

果たして、卵は無事に孵化するだろうか？　それでも、ヒプセロサウルスは卵の上にこんもりと土をかけて、営巣地を後にした。

大地に託された卵の中、赤ちゃんが眠っていた。彼らが正常に成長していれば、魚類→両生類→は虫類→恐竜へといたる進化の道筋をたどることになる。教科書にある「個体発生は､系統発生をくりかえす」というヤツだ。中でも、卵がもっとも衰弱するのは、21日目に孵化するニワトリの卵の場合で、4日目。ちょうど卵の中の赤ちゃんが魚から両生類へと変貌する時期だという。すべては、故・三木茂夫先生の名著『胎児の世界』の「“上陸”だったのだ」「あの息も絶え絶えの姿は、その上陸の夢を、なんとわが身を張って再現して見せていたのだ」という感嘆の言葉に終始する。

地球史ではぬかるんだ泥の匂いのする時代、「魚類から進化して間もない時期の最古の両生類」の足跡が、デボン紀中期のポーランドの海成干潟堆積層に、約3億9500万年たった今も残されているという。

一方、内エラと原始肺を合わせもち、顔の下には魚のヒレのような手をもつ古代魚の姿から、最大の危機を乗りこえて、＜両生類の面影＞をもつまでに成長した卵の中の赤ちゃん！

だが、瀕死の危機から脱したばかりの赤ちゃんに、さらなる試練が待ちかまえる。地球史を見ると、上陸から１億数千万年たっても、まだ水辺から離れられないものたちは＜ペルム紀末の大絶滅＞の乾燥化によって、無理やり水を奪われる。卵を羊膜で包んで陸上に産卵するとか、体にケラチン質のうろこをまとって表皮を乾燥から守るなどの方法で、水辺から大きく自立したは虫類たちは生きのびたが、卵を水中に生むしかなかった両生類の多くは滅び去った。いつまでも水の中に留まっていた浅海性の海洋生物にいたっては、90パーセント以上が絶滅している。まるで、生き物を水辺から追い立てるかのように、地球は、＜は虫類時代＞へと急速に移り変わっていった。

進化の叙事詩を体現しながら成長する赤ちゃんは、

何を夢見ているのだろう。孵化は間近だった。卵の中の赤ちゃんは、すでに竜脚類の形をとっている。

しかし、卵の中という命のカプセルの外界には、かつて彼らを栄えさせた温暖な楽園はどこにもなかった。＜白亜紀末の大絶滅＞で、彼らは鳥類以外の仲間を失った。地球はすでに、＜ほ乳類の時代＞へと突入している。かつて恐竜の足元で小さくなっていたほ乳類が、のびのびと大地を駆けまわっていた。

一方、卵の塚からは、いつまで経っても赤ちゃんヒプセロサウルスが這い出してくる気配がなかった。時代に受け入れられないままに、卵の塚は墓標（エピタフ）へと化していった。

——完——

エッセイ――あとがきに代えて

1996年、私は社会人聴講生として、週2日ペースで日本大学文理学部に通っていた。日大の名物教授・小坂和夫先生の地学の講義が、お目当てだ。聴講生とはいえ、新入生として、部活の勧誘も本格的で、私は天文部に入った。

5月になって、「今度、南陽に行くから、しばらく休む」と言うと、みんな「えっ、南陽？　いいなあ」と羨ましがられ、正直、驚く。私にとっては、南陽はマイナーな場所で、恐竜の卵化石がなかったら、訪れることもなかった所だったからだ。

そのリアクションに合点がいったのは訪中してから、学会のフィールド・トリップの一環で、三国志の南陽武候祠に立ち寄った時だった。うら若き女性ガイドさんが、「諸葛孔明は、『前師の表』に＜自ら南陽を耕す＞と記していることから、ここ南陽で農作業しながら学問にいそしんでいたと思われます」

上：三国志の南陽武候祠の正門/下：軍師になるよう依頼するために孔明のもとを三度訪ねた玄徳。いわゆる「三顧の礼」

月を眺めるための塔

と話しはじめ、「そして、劉備玄徳の『三顧の礼』を受けて、彼の軍師となったのはご存じのとおり……」と説明を続ける。そこで初めて「なるほど、南陽は三国志ゆかりの地だったのかぁ」と知った。思えば、天文部に限らず、学生たちはみんなゲーム三国志に夢中な連中ばかりだったから、羨ましがるのも無理はないなと納得させられた。

　近くのみやげもの屋で、翡翠の混じったブレスレ

みやげもの屋でヒスイのブレスレットを選ぶのに真剣な呂君昌たち。
店員さんはあきれ顔

ットを買おうとした時だった。十把一絡げの安物だったが、そこは地質屋の集まり！　同じ値段なら一番いい物を選んであげようと、寄ってたかって手にとって眺めたり、指ではじいて音を聴いたり、数十本ある腕輪の中から、これはという一本を物色してくれた。

それを見て、呂君昌も買う気になったらしい。徐星たちも手伝って、真剣に選び始めた。買い求める

ギョーザを作る呂君昌夫妻。奥さんの腕には、ヒスイのブレスレット

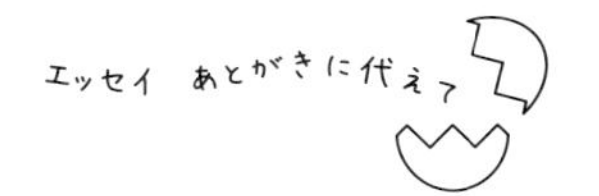

時、「箱に入れてもらえますか？」と呂君昌。誰かへのプレゼントらしい。

その相手がわかったのは、北京に帰ってからのこと。「餃子（ギョーズ）の作り方を教えよう」と招かれた呂君昌の宿舎。歓迎してくれた彼の奥さんの腕には、あの翡翠のブレスレットが……。私もつけていったので、おそろいになった。

ギョーザの中身はすでに作りおきしてあり、二種類あった。香菜が中心で、体にもヘルシー。あとは、皮を作るだけだから、料理が下手な私にもできた。日本では焼ギョーザがメインだが、本場中国では水ギョーザが当たり前のようだ。ゆであがったら、さっそく乾杯（カンペイ）！　とてもおいしかった。謝謝（シェシェ）！

中国科学院では、既婚者には個室を与えられるが、キッチンは二世帯でシェアだという。一方、（忘れ物を届けた時に訪れた）徐星たちのいる独身寮は、大部屋でにぎやかそうだった（今では立派なパパだが）。「昨日、北京大学に行ってきた」と徐星に言うと「鉱

北京大学のキャンパスの一角。最初にひとりで訪れた時に撮影

物標本館は見たか？」と聞かれた。「行ってない」と答えると、「明日、仕事が終わったら、案内しよう。母校だから……」と徐星。翌日、趙喜進先生のアシスタントが長引いたので、北京大学までタクシーを飛ばして走った。残念ながら、鉱物標本館の閉館時間の5時には間に合わなかったが、一人で来た時には味わえなかった学生気分を満喫できた。

まず、大学院に進んだ徐星の同期を訪ねる。「大学時代は大部屋だったけど、大学院生にもなると2人部屋になるんだぁ」と、徐星ももの珍しそうに見物する。そこで、ラケットを見つけたので、拝借してテニスコートへ向かった。

コートは何面もあったが、それ以上に人が多い。コートとコートの間で打ち合ったのでネットがない分、ラリーは続いたが、人は増える一方でボールが交錯する。そのたびに「すみません。すみません」と両隣に遠慮して小さくなっていると、徐星が「他の人のことは気にせず、もっと堂々とプレイすればいい」と言う。周囲を見まわすと、みんな縄張りを主張しあうように気にせずにラケットを振っている。そこが、日本人的感覚とのちがいか？と軽いカルチャーショックを受けながら、ボールを追いかけた。

一汗かいて空腹を感じたので、大学院の寮にもどる。二つずつ器をかりて、三人で学食に行った。ここでも大勢の人だかりの中、カウンターごしに器を差しだして、大盛りの料理をもらう。

この時（20世紀末)、まさか中国の人が日本で爆買いする時代がくるとは予測できなかった。だが、学生といい、若手研究者といい、質素で何も持ってないのだけど、底抜けに明るいにぎやかさと活気で、パワーがみなぎっていた。今につながるものすごいエネルギーを感じたのは、たしかだ。

別れ際、徐星にお礼を言い、中国科学院から通りをはさんだホテルへ向かった。途中、道ばたのキヨスクほどのサイズの売店に立ち寄る。言葉が通じず、困っていると、徐星が見かねてやってきて「何を買いたいの？」と助け舟を出す。「缶ビールとスイーツ」と指さしてこたえると、通訳してくれた。その時、徐星はポーカーフェイスだったが、後で聞いたら、「女性で、自分のためにビールを買う人を初めて見た」と驚いたそうだ。これもカルチャーショック！

徐星には、返しきれない恩がある。現地（南陽）でも、中国語の説明を私にもわかりやすいように、英訳してくれた。感謝に堪えない。謝謝（シェシェ）。

鳥は恐竜の生き残りであることが常識となった今、ニワトリの卵の発生を調べることは重要な意味合いをもつ。ニワトリは、れっきとした恐竜だからだ。その卵が4日目の上陸劇で弱ることは、第4章でも触れた。本文ではあまり紙面を割けなかったので、あとがきに同じ三木茂夫先生の著書『生命とリズム』の一節を、引用させていただく。

（卵の中の赤ちゃんの）「ちょうど、エラがとれて肺ができるこの時期、これがニワトリでは卵を温めて四日目に当たるのです」「この四日目、厳密にいいますと九十五時間から百時間ぐらいのあいだ、卵をちょっとでも動かすと死んでしまう。メンドリは、それまでかなり激しく卵を動かして空気をいれかえたりしているのですが、このわずかな時間は決して動かすことはしない。あたかも上陸のことをしっかりわきまえているように……」

その光景は生命の進化の上で、デボン紀の上陸がいかに苛酷なものであったかを、まざまざと見せつけている。

一方、多くの恐竜の卵化石をCTスキャンして、「卵の中の赤ちゃんは、まず、頭から発達する」と李先生が南陽で発表したのが、1996年5月。あれから技術は進歩し、円形加速器シンクロトロンを利用すれば、卵化石の中の赤ちゃんの背骨の一本一本までが、クローズアップして見えるようになった。

それでも、恐竜卵化石の中に赤ちゃんが見受けられること自体が、めったにないケースなのだという。卵化石から、恐竜の発生を調べるのがそれほど困難であるなら、現在、生きている恐竜すなわち鳥の卵の発生からヒントを見つけるのも、かなり有意義ではないかと思う。

寒風吹きすさぶ第7次発掘調査中の丹波卵化石発掘現場。果たして集団営巣地は見つかるか？

校了まぎわの2019年2月9日、私は第7次発掘調査真っ最中の丹波卵化石発掘現場を訪ねた。発掘の指揮をとる兵庫県立人と自然の博物館の三枝春生先生によれば、内容はまだ明かせないが、何か大発見があった模様。近い将来、次の発掘調査の可能性もあり、確かな手ごたえを感じているように思われた。

だが、たとえ集団営巣地が発見されたとしても、記者会見が行われるまではトップシークレットだ。

どんな大成果があるか心待ちにしていたが、タイムリミットになってしまったのが残念……。

最後になりましたが、恐竜の図鑑（丸善出版）の〆切など執筆活動と特別展監修で東奔西走しておられる超多忙な冨田幸光先生に、この原稿のチェックを快諾していただき、心より感謝いたしております。

先生にチェックしていただいたのは、呂君昌の亡くなる前。彼の訃報を受けて書き直したのは、まえがきとこの頁など、最小限にとどめました。彼から最後にメールをもらったのは、亡くなる5か月前。病床で、著作権交渉に動いてくださったのかと思うと、頭が下がる思いでいっぱいです。

そして、編集者の秋元宏之さん、文字の美しさ読みやすさに定評のあるデザイナーの水谷美佐緒さん、大変お世話になりました。

何より、この本を最後まで読んで下さった読者のみなさま、本当にありがとうございました。

参考文献

『恐竜の卵　恐竜誕生に秘められた謎』（福井県立恐竜博物館）
『胎児の世界　人類の生命記憶』（三木茂夫著/中公新書）
『生命とリズム』（三木茂夫著/河出文庫）
「National Geographic」1996年5月号
「Nature Communications」2010年6月29日（G Grellet-Tinner /Lucas Fiorelli）
「PeerJ」2018年6月12日（E. Martin Hechenleitner他）
『中国南陽恐竜蛋』（周世全　他/中国地質大学出版社）
『河南恐竜蛋化石群研究』（河南省文物管理局 編/河南科学技木出版社）
『中国古脊椎動物志（第二巻）第七冊（〇第十一刷）恐竜蛋類』（科学出版社）
『河南西峡白亜紀蛋化石』（方暁思　他/地質出版社）
「Cretaceous Research」2015年6月30日（kohei Tanaka他）
「Biology Letters」2018年5月16日（田中康平　他）
「China Geology」2018年9月13日（Jun-Chang Lu他）
「nature」2018年11月22日（Jasmina Wiemann　他）

謝辞（敬称略）

故・呂君昌（中国地質科学院地質研究所 教授）
徐星（中国科学院 古脊椎動物与古人類研究所 教授）
冨田幸光（国立科学博物館 名誉研究員）
谷本正弘（大阪市立自然史博物館外来研究員／きしわだ自然資料館 専門員）
周保春（上海自然博物館）
田中康平（筑波大学 助教）
池田忠広（兵庫県立人と自然の博物館）
三枝春生（兵庫県立人と自然の博物館）
足立洌（丹波古生物クラブ）
今井拓哉（福井県立恐竜博物館）
徐莉（河南省地質博物館館長）
日本経済新聞社（恐竜2009年砂漠の奇跡in幕張メッセプロジェクト）
讀賣新聞社（ギガ恐竜展2017in幕張メッセプロジェクト）
蒲郡市生命の海科学館
国立科学博物館
Musee des Dinosaures d’Esperaza（フランス）
Lucas E. Fiorelli (Crilar-Conicet/アルゼンチン)
Ricardo Martinez（国立サンファン大学自然科学博物館/アルゼンチン）
故・Jaime Powell (国立トゥクマン大学/アルゼンチン)

長尾衣里子

1967年、愛知県生まれ。『ホーキングの最新宇宙論』『ナノ・スペース』(NHK出版）等の編集を経て、現在、サイエンスライター。著書に、『恐竜発掘クラブ』『三つの天窓』『ルーツを追って　恐竜時代前に天下をとったほ乳類の祖先たち』(誠文堂新光社）『恐竜のひみつ全百科』(小学館）等がある。
写真は、ジュラ紀後期の北米に生きた植物食恐竜オスニエロサウルスと。(所蔵：国立科学博物館）蒲郡市生命の海科学館2017年特別展会場にて。

恐竜の卵の里をたずねて

NDC400

世界の恐竜たちの生命のカプセル

2019年3月25日　発　行

著　者　長尾衣里子
発行者　小川雄一
発行所　株式会社 誠文堂新光社
〒113-0033 東京都文京区本郷3-3-11
（編集）電話03-5800-5779
（販売）電話03-5800-5780
http://www.seibundo-shinkosha.net/
印刷・製本　図書印刷 株式会社

ISBN978-4-416-91979-8